超级動漫入門CG技法

Q版人物

王强/编著

U0124968

江西美术出版社

图书在版编目(CIP)数据

超级动漫入门CG技法.Q版人物/王强编著.—南昌：江西美术出版社，2009.12

ISBN 978-7-5480-0021-1

Ⅰ.超… Ⅱ.王… Ⅲ.图形软件—应用—动画—技法（美术） Ⅳ.J218.7-39

中国版本图书馆CIP数据核字（2009）第230012号

超级动漫入门CG技法·Q版人物

编著：王强　　责任编辑：魏洪昆　　特约编辑：吴丹妮

文字：王正　　绘制：青岛风向标动漫工作室　　装帧设计：先锋设计

出版：江西美术出版社　社址：南昌市子安路66号　网址：www.jxfinearts.com

邮编：330025　电话：0791-6565819　发行：全国新华书店

印刷：江西华奥印务有限责任公司　版次：2009年12月第1版第1次印刷

开本：787×1092　1/16　印张：7　ISBN 978-7-5480-0021-1

定价：29.50元

目录 CONTENTS

序

如果说在某一个学科上要表现出其科学性的话，那么它要表现的就不仅仅是完整的体系和理论。要探讨某一学科的实质以及与构成它事物间的联系，光有理论是不足以说明问题的，而且也过于生涩，对于初学者而言则更是如此。所谓与其坐而论道，不如起而立行。对于充满热情的年轻人而言，采用实践中的经验会更有说服力，也更能说明问题。一直以来，我研究的是高等教育，做的也是高端的杂志《幻想艺术》，但我很清楚，任何一个大家都是有他成长的轨迹，是一步步的迈向更高。因此，基础教育有着更加实际的意义而不容忽视！

我与王强是忘年交。我在邀请《指环王》首席概念设计大师约翰·豪的活动中认识了他，从他的身上我看到他对事业的执著及洋溢的热情，也感受到他为人的踏实与谦谨，特别是他对动漫基础教育的热情让我感动。

本书作为一本初级教材，显然作者从一开始就没打算向读者灌输一些理论性的知识，而是重点论述一些需要掌握的基础知识而已。我很赞同这种做法，事实上如果不是这样做的话，对于初级教学是达不到什么效果的。好比对一些只是要去田间认识水稻的小学生，你却大谈水稻的化学构成和基因改良的话题一样，缺少了针对性和实际意义。

书中提及的概念化的东西大概也只是简单阐释了Q版的概念，继而引申到了Q版人物。主要的篇幅都放在了实践操作中的注意事项、具体问题以及解决方法上。书中运用了大量的图画进行比对、分析，并且相当注重学习时的自我提高，着力于培养学习过程中发现问题与解决问题的能力。因此其在实际操作上的指导性还是很强的。

需要指出的是，本书作为初级教材，在理论上虽然简要，但并不因此而缺乏系统性及科学性。通读全书你能体会到作者将Q版人物的制作分成了具体的部分，并系统地予以讲解。作者从现实人物的绘画训练入手，从基础上对初学者提出了要求。这和许多单纯讲解技法的课本不同，它不仅满足了一些业余爱好者的需求，也针对一些专业人员提供了强化技能的训练方法。技能很重要，这是从业的关键所在！

作为系列丛书的第一本，我衷心地恭喜其诞生，同时也殷切期望作者能再接再励，不断有后续作品出现。啊，好在不是自己出书，不必写请读者斧正之类的话语了，那么就写到这里吧。

王伟

著名动画概念设计艺术家、连环画艺术家、油画艺术家
《幻想艺术》杂志总策划及艺术总监
北京大学软件与微电子学院数字艺术系教授
硕士生导师

Part 01
欢迎你来到Q版世界

1.1 什么是Q版人物

关于这个问题，如果你上网搜索，恐怕会有几种答案出现。以我的看法，比较倾向于引用这种说法：英文Cute（可爱）的谐音为Q，Q就是"可爱"的意思，后来通指在动漫中可爱的造型。在化妆品香水中，Q版的含义，就是比正常的专柜装要小的试用装或者小包装，或者是中样等。为什么要引用这种说法呢？那是因为它后面那段补充说明看来与卡通无关，其实是很简单说明了Q版的一个重要手段。Q就是"可爱"，那么创作Q版就是"使……可爱化"的过程。

那么什么是可爱呢？一句话，就是让它变小，变迷你。婴儿和儿童会让人觉得可爱，迷你的东西会令人感到小巧精致而爱不释手，因此Q版就是让对象变小，变迷你，从而达到使之变可爱的目的。Q版人物则可进一步说是让人物婴儿化或儿童化，至少可以说大多数情况下是用这个手段的。

1.2 Q版人物与写实形象的区别在哪里

卡通形象是来源于真实形象，经过一定艺术变形处理而成的形象。它可以体现人物的性格，突出某部分的特征，或者进行美化等艺术效果。其次，在卡通形象里有各种不同风格的造型方式，Q版造型是其中的一种。最后，Q版人物又是Q版造型中的一部分。

因此，我们这里说的Q版人物和写实形象的区别是指与卡通形象的区别而非与真实形象的区别。写实形象是卡通形象的一种表现方式，也是卡通形象中与真实形象之间差别最小的一种，而Q版形象则是一种变形化的卡通形象。如果将真实形象比喻为树干的话，那么写实形象就是枝条，而Q版人物则是树叶了。枝条总还是和树干比较接近，树叶虽是由树干长出来的，形象却已经相去甚远了。

好像说得太过复杂了，让人感觉是个很庞大的系统，其实归纳总结是一回事，实际学习是另一回事了。我们还是要注重实际可操作性，尽量避免过于理论化的东西。

1.3 Q版人物在动漫作品中产生的效果

　　Q版人物在动漫作品中产生的效果和影响是显而易见的，只要看看近几年来的动漫产业走势就能发现Q版造型所占的比例呈逐年上升的势头，尤其是国内的动漫游戏产业更甚。

　　Q版造型的东西出现较晚，或者说把它单独界定出来的时间比较晚，是一种相对新兴的卡通形式。不过就其发展速度而言可算是相当迅猛的了。

　　Q版造型为什么会越来越受欢迎？从表面上来看是它造型可爱，而且有很多夸张、搞笑的情节用Q版形式容易表现。而深层的原因，以我之浅见，应该是社会发展迅速造成压力过大，人们的内心更渴望能有一种放下包袱，回归到无忧无虑童年时代的意愿，而Q版造型正好能满足这方面的需要。如前文所述，Q版人物是让人物婴儿化或儿童化，同时相对轻松搞笑的情节又有利于放松身心。这一点迎合了社会的需要，自然就有其市场。由此我觉得Q版的风行是有其必然性的，并且Q版造型的风行还会持续相当一段时间，它在动漫产业内所处的份额还会增加。

《梦幻诛仙》为完美时空公司2009年10月推出的一款网络游戏，其Q版的画风获得了业界的一致好

1.4 如何从刻画对象寻找特征

　　想要把正常的人物变Q，就要把人物可爱化，其中主要的手段是变形，将对象婴幼儿化。可以说Q版就是一种变形的艺术。

　　帅哥美女的Q版造型，由于他们的脸部结构秀丽端正，一般都可以用婴幼儿化来完成。改变了人物的身体比例，让头变大，脸部五官结构变化之后，感觉就完全不同了。

少女形象+Q版

少男形象+Q版

另一些人物稍有不同，比如成年人、老人、反派人物等。他们的脸部结构有较大变形和皱褶，因此单纯改变比例已经不够了，还需要更多的变形，甚至是夸张才能达到需要的效果。如将某些部分加以夸张、特化，既能突出其特征又能起到搞笑的效果，从某些层面上讲，这类人物更有漫画的效果。

成年人+Q版

反派人物+Q版

不同的人物具有不同的性格，不同的结构和体型在Q版化的过程中，方法都会有所不同。具体要运用什么方法，是没有定式可以依循的，关键在于效果的好坏。初学者最好的方式就是多画草图（如下图所示），不要怕来回修改，在得到满意的效果后再深入刻画。在练习中累积经验和教训，从而更好地把握人物的特征并将它表现出来。

一句话，Q版人人会画，各有巧妙不同，虽然变化无穷，万变不离其宗。

同一人物多种造型

Part 02
Q版人物创作基础

2.1 Q版人物的比例与结构

　　一般初学Q版人物技法的人们，都习惯先由脸部开始刻画人物（毕竟都是先看脸的人多），但这其实是一个误区。即使脸画完整了而没有顾及到比例和结构，仍然会是一幅失败的作品。要画好Q版人物，就必须先了解正确的人体比例与结构，因为Q版人物是从写实人物演化而来，不能舍本求末，切忌急躁冒进，循序渐进看起来缓慢但更有效率。

　　我们先来比较一下动漫造型的一些不同表现形式，从不同年龄到不同的风格表现形式的造型在以下均有详细比较。

不同风格表现形式

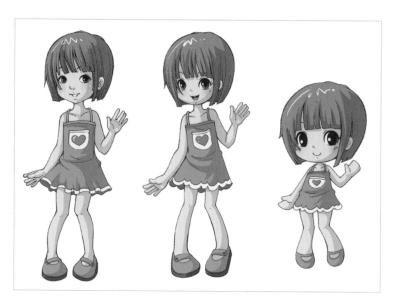

不同风格表现形式

　　由两图可知，写实人物和卡通人物两种不同动漫风格的形象比较接近，而相对Q版人物来说，比例差别较大。

在一般的动漫造型人物设定规则中，身材高挑的成人标准身高是7个头部的高度（以下简称7个头），一般体格的人物为6个头，娇小型的人物为5个头左右。如下图所示：

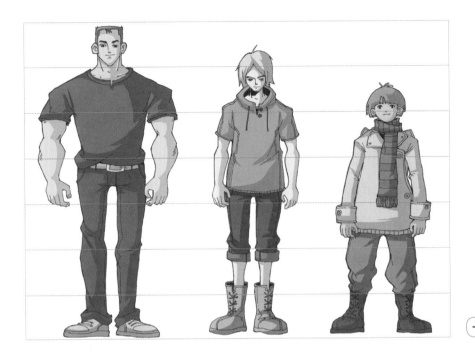

一般的动漫造型形象

某些卡通形象根据表现风格不同可夸张至9个头甚至更高。如图所示：

魁梧型卡通形象

这都是为了具体刻画人物所采取的手段。而儿童通常只有2个头，少年多为3个头，并随年龄大小不同而变化，如图所示：

人物成长图

以下为三种典型的Q版人物表现比例和风格，附有标尺比较。

Q版人物比例

如果仔细观察就会发现，从Q版人物的比例来看，去除她的头部，整个躯干部分的比例还是比较接近动漫人物比例的。

去掉头部的Q版人物比较

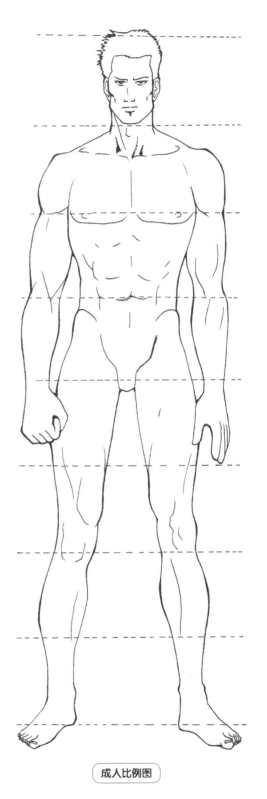

成人比例图

有时为了造型的需要，也会出现身体比例与手脚比例不同的情况，如下图Q版人物中手脚夸张变大的造型。但这属于人物个性的变形手法，也就是在掌握了正确比例之后进行的再创造表现形式，暂时不在此讨论了。

现在我们来看看动漫写实人物和儿童的身体比例（如下图），请特别注意几处地方：首先是肩膀的宽度，大约是3个头的宽度，臂弯的位置大约在3个半头的地方，手腕则在髋部下方，髋部的宽度约与3个头宽相当，男性肩宽些，而女性髋部宽些。

写实人物正侧背面图

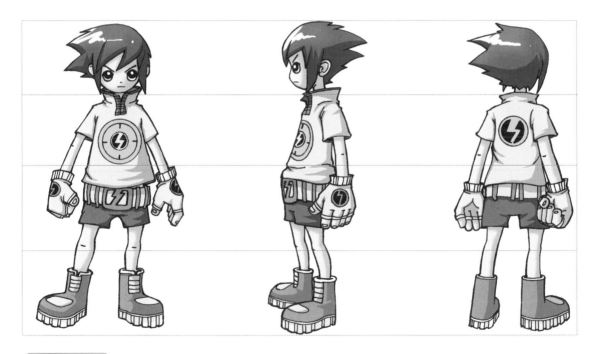

儿童正侧背面图

请大家注意下图侧面人物的脖子与头颅之间的连接位置，很多人在画人物时脖子结构掌握不好原因就在这。脊椎的弯曲度与手臂自然下垂时形成的位置关系，以及大腿与小腿之间的结构关系。在背面人物图里则主要注意臀部的位置要比正面人物来得低。

　　熟练掌握这些人体结构中的基本知识是非常重要的，它能有效的帮助你在绘制人物时不会犯各种不必要的错误，至少也能使你在犯了错误之后能分析出错在何处，以便及时改正。

　　其实就动漫人物造型而言，对人体结构的训练远远不止如此，由于篇幅所限我们将继续讲解Q版人物技法的知识，在此就不一一赘述了。

写实人物正侧背面图

下图是儿童动漫形象和Q版形象的对比。观察后你会发现其实儿童动漫形象的身体比例几乎和Q版形象是一样的，所不同的仅仅是某些部位的夸张和概括。脸部表情是人物最传神的部分，这一点也证明了Q版人物的脸部神态刻画是关键所在。下一节我们将就Q版人物的头部脸部特点继续讲解。

儿童动漫形象+Q版形象

头部结构

由于Q版人物的头部比例和身体比例是完全不同的，分开讲解很有必要。先来做个比较（下图所示），成人的脸型比儿童的脸型更长，以眼睛的位置为水平中心轴向鼻子和额头部分拉伸。在五官结构上，我们只需要掌握眼线、鼻线和嘴线这三条线的构成方法就够了，Q版人物将五官的大小进行夸张变化，因此成人的五官大小比例没有多少参考价值，只要知道具体位置就可以了，而这三条线将成为Q版人物脸部造型的重要依据。

成人的眼线和鼻线，基本维持在头部中间，正好将头部横分成四等份，鼻子的位置约在眼线下的1/2处，嘴线则在眼线下的约3/4处。

儿童的五官主要集中在头的下半部。它的眼线可以低到头的3/5甚至2/3处，鼻子和嘴线的位置仍占眼线下的1/2，而嘴线则在眼线下的3/4略上。

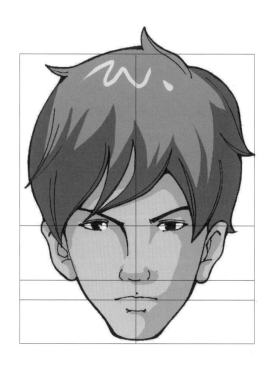
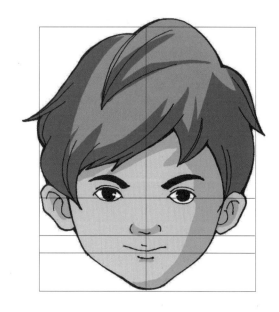

理解不同年龄、人物脸部的这些辅助线，对将来的Q版创作是有重要帮助的（如右图各角度脸部结构）。各个角度添加了辅助线后，五官的位置就不容易出错了。在这里要提醒大家注意一件事情，这些辅助线的走向会随着头部的不同角度而产生相应的透视变化，不能机械的运用，如果在运用过程中发现有无法画准脸部结构的现象，请多多查阅与透视相关的辅导书籍，建立立体空间的想象力。

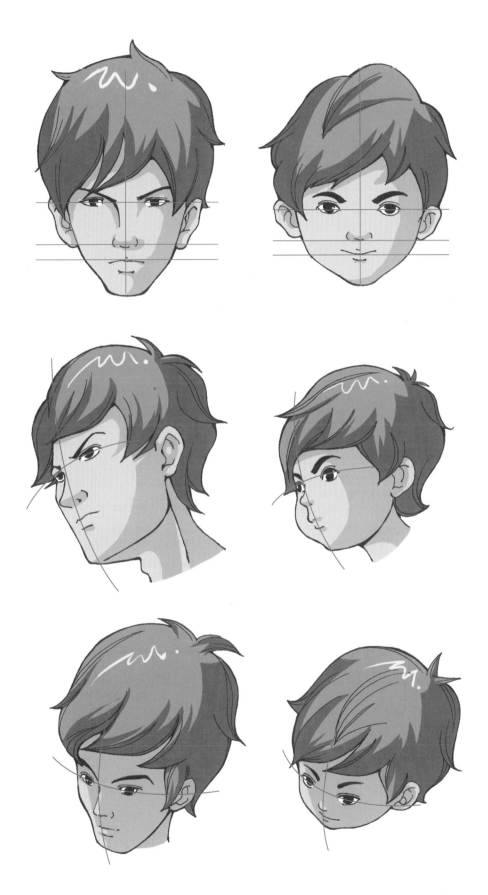

Q版人物绘制步骤：

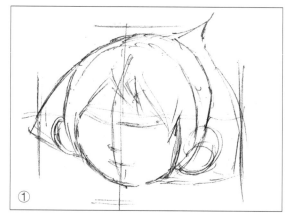 

① 首先勾画出头部结构，用概括的线条把握好结构关系。

② 现在开始刻画眼睛，加上眼珠和瞳孔，留出高光位置。

③ 添上头发，随时注意检查一下整体感觉，发现不妥立即查明原因并改正。

④ 开始擦去辅助线。完成鼻子刻画，在嘴线上完善嘴部，别忘了还有耳朵。

⑤ 接下来调整发型的结构，使之看上去更加有体积感。

⑥ 将所有的线条调整好，擦去辅助线，整个头部便完成了。

⑦

⑧

⑨

接下来我们加上身体部分。为了说明问题，我们就加上刚才举例子的那个三头身的身体吧。

⑦　确定好身体的比例关系，然后将身体部分分成七等份。

⑧　按照标准的人体比例勾画出身体。

⑨　接下来我们要做些调整，将肌肉突出的部分做圆滑、丰满，使其更接近儿童特点。将手部和脚部略微夸张。做完这些小调整之后，是不是人物已经"Q"起来了呢？

⑩　最后我们加上衣物并简单上色，完成。

⑩

这里需要提醒一下，虽然Q版人物造型大多会简化衣物的皱褶，不过基本原理还是要掌握的。衣物受地球引力影响，所以除非有风，平时一般都是处于下垂状态的。而阻止其落向地面的是身体的某些突出部位。如衣服主要受肩的牵拉，裙和裤受到腰和髋的牵拉。当身体改变姿势时，肘、腕、膝、臀都可以成为牵拉的主体，而衣服的皱褶都是从这些突出部位开始向下延伸的，当两个突出部相距较近时，向下延伸的皱褶就会互相交错，形成弧形。

而另一个形成皱褶的原因则是挤压，这多半出现在关节处，一旦弯曲，皱褶就会出现。挤压的形式与引力无关，根据挤压的程度决定了皱褶的多少和构成方式。

掌握了这个原则，衣纹皱褶就不容易画错了，当然衣服材质的不同也会使得皱褶样式不同，不过这需要平时的观察积累，这里就不过多介绍了。

　　Q版人物的造型风格和比例结构，在实际运用中有许多种，现在我们列举一些出来，请大家仔细观察一下。尽管他们的风格大不相同，但实际比例和结构是有规律的，差别仅仅是变形尺度的不同罢了。

2.2 Q版人物造型常规动态

一般来说，Q版人物的动作范围比写实卡通人物要小，原因就在于较大的动作幅度会使头部把身体的大部分部位遮挡起来。

这样似乎很省事呢！初学者一定会有这样的想法，其实Q版人物的动态比写实人物还难把握。由于重心不稳，容易遮挡其他肢体部分，绘制一幅优秀Q版作品的难度可想而知。

首先，我们来认识一下人体的活动范围。

一、头部

头部的活动能力完全取决于颈部，而颈部的两端是固定的。无论颈部如何弯曲，这两个连接点都不会移动。由于Q版人物脖子很细，要维持支撑的功能，就不得不将它的位置前移。尽管脖子位置和真人结构有所不同，但两者的运动原理是一样的。有不少Q版创作回避了这一问题，将脖子缩短到几乎忽略。这固然是一种处理方法，但不推荐，因为这对真正掌握结构是没有帮助的。

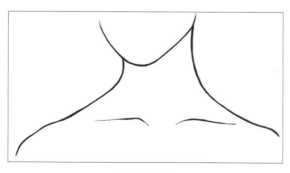

写实人物特写

Q版脖子特写

二、躯干

躯干部分的活动能力来源于脊柱，而且髋骨是无法改变形状的（脖子到髋部位置，如下图所示）。

脖子到臀部

三、手臂

手臂的活动范围分为三个部分。一是上臂，以肩部为轴心，可活动范围相当大，可以说手臂的各种姿势主要来源于上臂的活动能力。二是下臂，以肘为轴心，仅能做纵向约150度范围内的活动。三是腕骨，以腕为轴心，可做纵向180度和横向180度的运动。另外手掌和手指的部分，留到专门讲解手的单元。

四、腿

腿的活动范围同样分三部分。一是大腿，以髋骨为轴心，活动范围相当的大。二是小腿，以膝盖为轴心。三是足部，以脚踝为轴心，但踝骨远不及腕骨灵活。

仔细观察掌握上面所述的人体的活动范围，就能在实际绘制过程中了解人类动态的极限而不至于出错了。

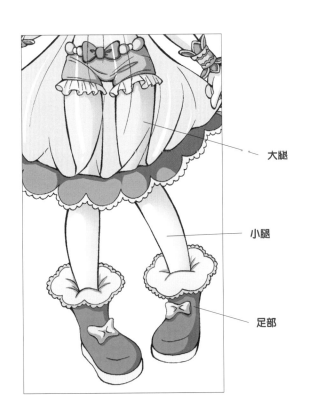

重心

讲完人体的活动范围,需要讲讲人物形体的重心了,这个问题对Q版绘制尤其重要。只要是静止的人体,就必定遵循地心引力的原则,重心偏移只发生在运动过程中。

如下图的人物,立正时重心在两腿正中间,而稍息的时候重心则在一条腿上,此时人的体态发生了一些变化,请注意这些细微的变化,这些变化都是为了保持重心的稳定。再看自然站立的人,重心的变化使他的体态又有所不同。另外还有坐着的姿态,请仔细揣摩一下其中的奥妙吧。

立正　　　　　　　　　稍息　　　　　　　　自然站立

放松坐姿

标准坐姿　　　　　　　　　　　　　有支撑物的坐姿

标准坐姿的这张图，由于身体姿态发生了改变，重心向臀部方向移动了，但仍然维持稳定，从而使人可以安然坐在椅子上。放松坐姿中，由于身体不再紧张，躯干的部分更加贴紧椅背，此时的重心更加向后，在臀部和椅背之间了。有支撑物的坐姿由于身体向某个方向倾斜，重心就向这个方向移动，但如果没有手臂的支撑，重心就会发生偏移，人就无法维持这一姿势。正因为有手臂的支撑，使得重心维持在身体和手臂之间，达到了平衡。

关于重心的理解请大家在练习的过程中多加思考和分析。当你发现人物习作中没有比例结构方面的问题但形态别扭的时候，往往就是重心出了偏差所致。

理论讲解完毕，接下来我们来看看实际操作中如何绘制Q版人物的常规动态。

常规的人物动态无非站、坐、走、跑、跳等，细分的话那就太多了，这里只讲解常用到的一些动作，以作抛砖引玉之用。

一 站

生活中真正用立正姿势来站立的时候是非常少的，而且也不自然，因此立正只出现在理解人体结构的阶段，生活中的站多为稍息状态，并且上身的形态也更加自然。这样的站立才显得自然优美，尤其刻画女性的时候，效果更加显著。下图中手臂自然下垂的这张感觉似乎还不尽如人意，原因就在于手臂都呈直线下垂状态。我们的视觉是不认可直线化的，尤其是两条近似平行线的东西。因此，在绘画过程中我们要尽力避免这种平行直线的出现。

在Q版人物中，站姿是出现频率最高的。让我们再多看几幅示例图，仔细揣摩一下这条站立的曲线。

手臂自然下垂   双手叉腰

各种站姿

站姿是一种基本姿势，是最容易分析结构的形态，要想画出多姿多彩的Q版人物动态造型，就得先从站姿入手，充分熟悉和了解人体的立体造型，为下一步打好基础。

下面来例举两个关于站姿结构以及重心方面的错误。

结构正确　　　　　　结构错误　　　　　　重心正确　　　　　　重心错误

二　坐

　　坐姿如前文所述，改变了人体的重心，从而使得双脚解放出来，不再起支撑作用，因此能摆出更多的姿势。

　　坐姿中起主要支撑作用的是髋部和臀部，因此只有腰、胸、颈能够弯曲，身体的曲线变化少了。相对的可以用手、肘、腿等来辅助支撑，体态反而更多了，因此掌握起来比较复杂。只要之前对人体的结构、重心的分析以及身体各部分的可活动范围有一定了解的话，要画出漂亮的Q版坐姿并非难事。

　　由于坐着重心较低，相对不明显，我们来看看，坐姿中比较容易犯的错误。

错误的坐姿结构　　　　　正确的坐姿结构

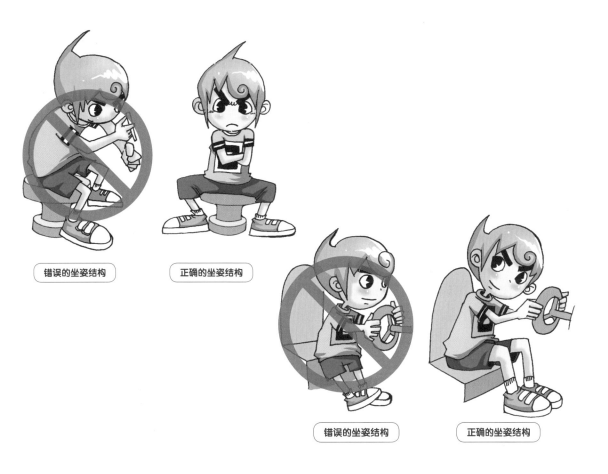

错误的坐姿结构　　　　正确的坐姿结构

错误的坐姿结构　　　　正确的坐姿结构

三　走

走其实是一系列动作的合称，我们有必要了解一下走的全过程。如下图所示：

① 　　　　　　　② 　　　　　　　③

侧面走路的动画分解图

图中的每一个动作都可以称之为走。我们在画Q版人物走姿的时候，往往选取动作最大的那两张，因为最具代表性，但也要注意能配合构图和整体的美感。

需要注意的是，侧面走路很少会应用到Q版人物的绘画中，更多的是正面或者半侧面的姿态，这里着重说一下正面走姿（如右图所示）。

在走路时，我们的重心不恒定的左右摇摆，并且随着手臂的甩动幅度而加大或减小，整个身体呈曲线型律动。在真人走动时并不明显，但Q版人物则有必要加以强化，因为Q版人物必须加强身体的扭曲以体现其夸张的动态。

走路的一整套动作看来就那么几个，实际上会随年龄、性格、心情的差异而变化，要熟练掌握各种走路的动态，必须注意观察练习。

正面走路体态

下面我们列举一些走路动态易犯的错误。如图所示（同手同脚，内外八字的走法，以及正确的姿势图解）：

正面走路体态

四 跑

跑和走其实概念上相差无几，所不同的只是跑动过程中人体有腾空的瞬间而走路没有。如下图所示（侧面跑步动作分解）：

step 1

step 2

step 3

step 4

step 5

相对于走路，跑步的姿势出现在Q版的应用中也比较多，因为跑步更有速度感和力量感，可以使画面更有表现张力。由于跑步的动作幅度大，手臂的摆动和身体的扭曲也更大，正面的时候更加明显（如右图所示）。

由于身体更加前倾的缘故，Q版人物跑步时头部会遮挡住身体的相当一部分，这给表现动作美感带来了一些困难。适当的给予一定的角度转换可以缓解这一问题，比如改成半侧面或者带一点仰视。

正面跑步

带仰视的跑步

半侧面的跑步

重心错误

同手同脚

正确图解

五 跳

跳跃是一个身体腾空的过程，其实还包含之前的屈身蓄力和之后的落地缓冲，这里主要介绍空中的部分。如下图所示：

跳起

屈身

落下

跳跃是Q版中运用得较多的一种动态表现动作。它可以摆出各种优美的姿势，并且对初学者有一个最为明显的方便——几乎不必考虑重心的问题，因为它是一种瞬间摆脱地心引力的运动。

跳跃的动作是没有固定形式的，这里只能选取一些范例（如右图所示）。

画跳跃动作对初学者来说有几个难点：第一是它的动作丰富，很难系统的掌握。第二是它往往带有仰视，牵扯到透视问题，这对没有透视概念的人成了一道难关。此外还有在空中时衣物和头发的飘动问题等等。

各种跳跃动作

各种跳跃动作

　　透视的概念不但跳跃里有，其实任何动态和静态的画面中都可以出现，因此要画好Q版，最好还是去补习一下透视的知识。关于衣服和头发飘动的问题，只要你先设定好风的方向和人物跳跃方向，正确的动态基本就成型了，然后运用前一章节关于衣服皱褶的知识就能画出衣纹来了，至于头发，将在后面的章节里进行讲解。

　　Q版人物创作基础就讲到这里，也许有人会觉得这一章节里讲了太多与Q版无关的东西，其实这些正是Q版创作中的基础，掌握了这些才是学好Q版关键的第一步。下一章节我们将具体介绍Q版的细部刻画。

Part 03
Q版造型的灵魂

3.1 Q版人物的设计要素

Q版造型的灵魂是什么? 就是趣味性。

无论Q版人物怎样可爱, 造型怎样多变, 衣服怎样翻新, 最终的目的其实只有一个, 就是表现出趣味性。我们所有的练习, 所有的表现手段, 最终也要回到趣味性上来。

Q版人物的设计要素, 除了正确的结构和比例, 适度的夸张变形之外还有些什么呢? 丰富的表情, 各种活泼可爱的动态, 迥然不同的性格, 这些都是。目的都是为了给Q版人物注入灵魂。

要让人物生动起来, 表情和动态以及性格就是构成它的要素。表情是一个人内心情感的体现, 也因人物性格的不同而各异, 其中细微的差别是需要我们仔细去揣摩的课题。构成表情的是我们的五官和脸部肌肉(耳朵不在其中), 另外还有我们的身体。眉、眼、鼻、口、脸、发、手、身、腿这些都是表情的道具。

在Q版造型中, 运用变形的手段在造型中体现人物性格的情况是很常见的。如下图所示, 人物的性格或多或少总会体现在外表上。生活中注意多观察积累, 再合理的运用变形夸张手段就能塑造出各种性格迥异的人物来。

不过一个人的性格更多还是体现在不同环境下的不同反应, 最终还是要靠表情来实现的。表情确实是为Q版人物注入灵魂的一种主要手段, 而构成表情的元素又有哪些呢?

接下来, 就让我们去仔细了解一下构成这些Q版人物表情的元素。

3.2 Q形象眼睛刻画

眼睛是心灵的窗户，也是卡通人物画中最出彩的部分之一。要想画好眼睛，我们先来了解一下眼睛的基本结构。

眼睛由上下眼皮和眼球构成，眼球是一个球体，眼皮则可看成是覆盖在上面的一个可活动的外壳。

有了这个概念以后，让我们再来看Q版人物的眼睛。Q版人物的眼睛其实只是在脸部所占的面积比较大一些而已，眼部外形虽然看上去和写实的差了很多，但结构是基本相同的。不同的是写实的眼睛和瞳孔没这么大，眼内的反光没这么多，眼部睫毛没有那么夸张。

写实眼部正面侧面结构

Q版眼部正面侧面图

接下来再来谈谈眼睛在脸上的位置。在Q版中有一点小小的变异,就是两个眼睛间的距离往往要比正常情况下宽一些,如下图所示,是不是眼睛分开些较可爱呢?

正常眼睛距离　　　　　　　　　　　　　略微分开眼睛距离

说到眼睛就要联系到眉毛。每个人都有眉毛,但在Q版人物中眉毛的刻画往往被忽视。实际上眉毛是构成脸部表情的一个重要元素,它的重要性远远超过了鼻子。眉毛的样式是多种多样的。

眼睛和眉毛的表现形式有很多种,我们这里要列举的是几类典型人物的造型,如下图所示。从中各位可以领略到,不同的眼睛是需要不同的眉毛来相配的。各位可以试验一下,把下图中的这些眼睛和眉毛互换,再看看效果,当做是个小练习吧。

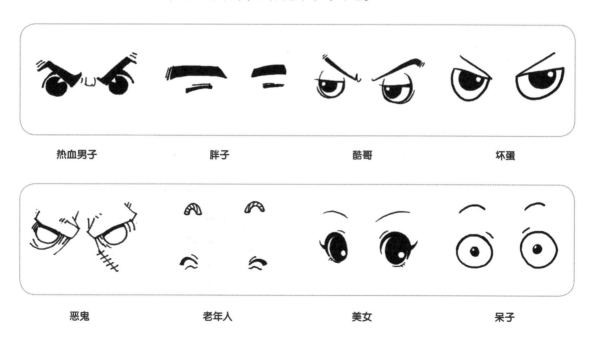

热血男子　　　　　　　胖子　　　　　　　酷哥　　　　　　　坏蛋

恶鬼　　　　　　　老年人　　　　　　美女　　　　　　　呆子

补充列出一些之前没有出现过的眉毛种类。设计造型时要根据不同的脸形搭配不同的眉毛和眼睛，这需要在练习中去多多体会。

男孩眼睛绘制过程

现在让我们来利用实例，演示一下Q版男女眼睛眉毛的简单绘制过程。

①首先我们要找准一个头部位置，利用之前提过的三线法定下眼睛、鼻子和嘴的位置。

②接下来，我们在眼睛位置上勾画眼睛的造型。这一步中我们要确认眼睛的样式，在面部所占的比例。当然，如果是创作的话，还要牵扯到眼神的方向和情绪，与眉毛一起构成的表情是否合适等等细节。

③细致描绘眼部。有了眼眶，眼睛的样式和比例大小就基本定下了。勾勒出眼珠和瞳孔的位置，确定高光的大小和位置。

④ 添上眉毛，注意与眼睛的配合，情绪上是否合适。有些表情的眉毛位置可能会对眼睛结构造成影响，对于初学者来说容易造成结构的错误，因此不推荐。先画眼睛比较容易确定眼窝的位置，然后根据这个位置来确定眉毛相对比较不容易出错。当然，在熟悉之后你想先画什么都行。

⑤ 这些都确定以后，我们可以开始深入刻画眼睛了。

注意！在深入刻画时仍有可能遇到各种小问题，因此在刻画过程中需要时时检查是否有所偏差，及时发现及时修改。养成良好的习惯对自身的帮助将是巨大的，多花五分钟来观察，总比重新画一遍来得好。

⑥ 最后应该是进行一些细节的小调整，不过我建议这一步应该留到作品的最后阶段与其他各个部分一起进行。当你遇到各个部分你都画得很满意，结果最后一个小地方破坏了整体感而导致前功尽弃，那时的心情一定是想摔东西的吧？绘画的时候培养一下对整体的掌控能力是一件好事。自从电脑绘画出现以后，修改变得很容易，这固然很方便，不过也为此而失去很多磨炼的机会，我想聪明人是不会做这样选择的。

完成了上面这些步骤后，眼睛已经画好了，看一下完成后的效果吧。

女孩眼睛绘制过程

①把头部外形勾勒好，利用三线法定下眼睛、鼻子和嘴的位置。

②将眼眶的大体位置定好。

③接下来勾草稿，这些和男性都一样，不同的是，女性大多画成双眼皮，睫毛也长，因此在画的时候有些不同之处，请大家注意。

④先画眼眶，注意睫毛和眼皮。勾勒出眼珠、瞳孔的位置，确定高光的大小和位置。添上眉毛，注意与眼睛的配合。

⑤深入刻画眼睛，最后进行一些细节的小调整。

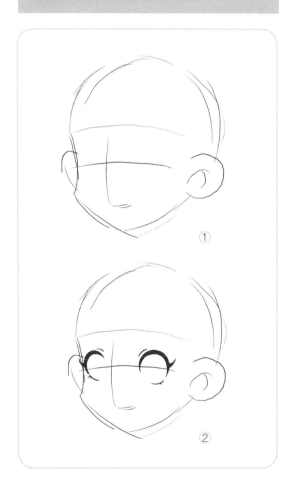

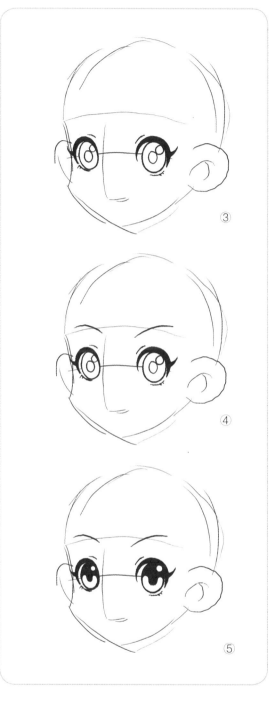

当眼睛眨眼或闭合的时候如何使眼睛保持美观，这一点是很重要的。下图中列出了Q版中运用比较多的几种样式，仅供参考。

实际运用中遇到的情况会很多，在后面的章节中会有详细说明其配合的问题。

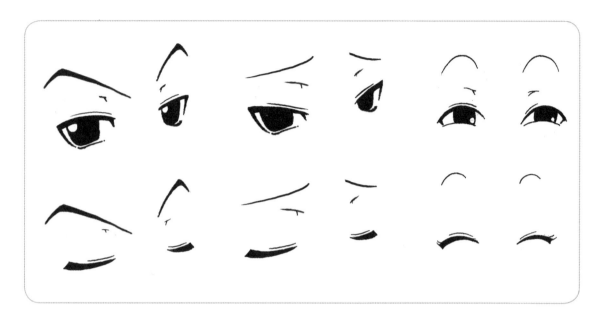

眼睛常见的几种基本表现形式就是这些。如果想画出比较夸张的眼睛特征：比如夸张表情时的眼睛、老人的眼睛等，需要加上皱纹或者夸张变形。这类眼睛的画法需要更深入的练习才能掌握。

最后我们说一下在绘制眼睛中容易犯的错误。

我们的眼睛看东西时，焦距是会自动调节到我们所注意的目标上的，但不管怎么调节，两眼的焦距都是保持一定距离的。在刻画眼睛时如果出现两眼焦距不统一的情况，那人物看上去就像斜视一样，并且初学者很有可能发现不了这个错误只不过觉得很别扭而已。这个错误的难点

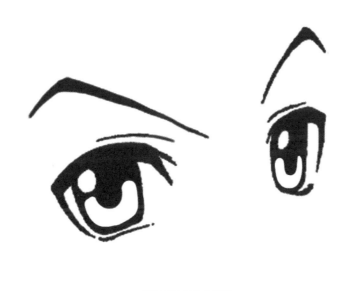

正确的眼睛画法

错误的眼睛画法实例

3.3 Q形象鼻子刻画

　　鼻子这个器官是在Q版人物中最容易被忽视的一个器官，甚至有时候根本就被取消掉了。究其原因在于鼻子虽然是人脸部不可或缺的构成元素，但在Q版中则显得不很重要。为什么会有这种情况产生呢？我认为主要问题出在眼睛上。少女漫画和Q版漫画的眼睛都被夸张了，有的甚至夸张到正常的几倍之大，为了平衡脸部的结构，只能将鼻子部位弱化，甚至取消。另外一个原因在于构成表情的元素中可以基本不用考虑到鼻子，因为鼻子上没有可以活动的肌肉组织，几乎不参与表情的工作。为此我们在教学过程中，鼻子篇幅也相应的减少了。

　　不过还是要强调一下鼻子的重要性，在脸部结构的三线中，鼻线就是重要的标准之一。有了鼻线的定位就能帮助理解透视，确定脸的朝向。下面我们讲解一下鼻子的结构和画法。

　　让我们先来了解一下鼻子的结构，如下图所示：

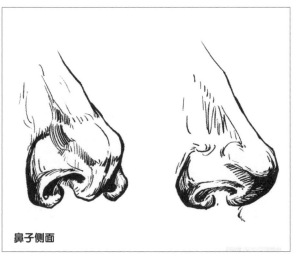

鼻子侧面

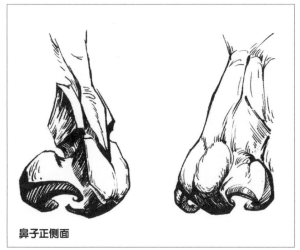

鼻子正侧面

　　Q版人物的鼻子一般都比较小，缩小了的鼻子大多采用以下几种形式，下图中大家可以体会一下。其实正面的时候，这么小的鼻子还真是可有可无的，可一旦转到侧面时，鼻子的重要性就增加了，没有鼻子的话，脸部会显得没凹凸感。当然，每个人的审美取向不同，也许有人觉得这样也挺好，各位可以采取自己欣赏的表现方法，毕竟最终整体效果的好坏才是重要的，一个鼻子的有无还不至于破坏掉整体感。

没鼻子的侧面

Q版常用的鼻子造型正面、侧面

鼻子画法演示

画鼻子的关键不在于笔法，倒是最初的定位比较重要。

①在头部定下的三条线上，定下鼻子的位置。

②勾勒出鼻子的外形。

③确定后，深入刻画，擦去辅助线，完成。

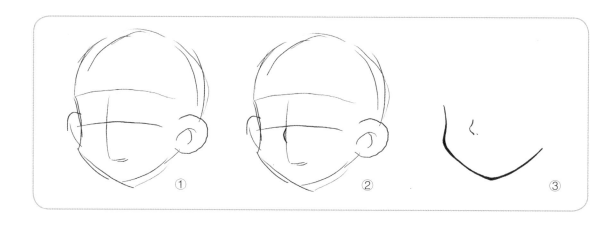

① ② ③

3.4 Q形象耳朵刻画

　　本来耳朵这个器官是完全不牵扯到表情的，甚至在定位结构时的辅助作用也有限，只需要了解一下它的结构就够了。但看了许多人的习作之后发现，在刻画耳朵上犯错误的人很多，因此我认为还是有必要略微说明一下需要注意的地方，让读者们引以为戒。

　　耳朵位于头部两侧，高度大约在眉毛至嘴之间，位置约在头部侧面中线略后些，耳朵下缘与下颚骨相连。知道这些，就能比较清楚的定位耳朵了。

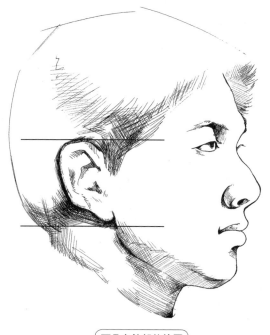

耳朵在头部的位置

Q版的耳朵与写实造型的耳朵没有太大区别（如右图所示）。Q版人物中的耳朵造型基本都没什么特色（除非是有特殊表现需要），而且还经常被头发所遮盖，因此列举有这么几个基本造型也够用了。

耳朵位置错误示例：

过高

过矮

靠前

偏后

3.5 Q形象嘴部刻画

嘴部刻画并不是在脸上开个口子这么简单的，在Q版人物中为了脸部面积考虑，嘴部体量也适当缩小了。

由于嘴部周边的肌肉很多，活动能力很强，因此嘴是五官中变形幅度最大的，嘴部的变化也是五官中最复杂的。

嘴部结构不光是嘴唇还包括了牙齿和舌头，这两个部位也参与到表情活动中（有兴趣的人可以去看一下嘴部肌肉的解剖图，了解嘴部众多复杂的肌肉以及它们的运动方式对画好嘴部各种动态是很有帮助的）。所以严格说来，这一节应该是讲嘴部一系列器官的。

让我们先来了解一下嘴部结构。如下图所示：

嘴巴侧面

嘴巴正面

嘴巴正侧面

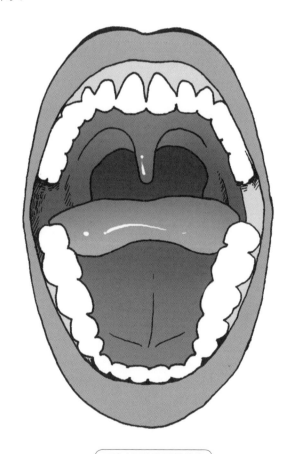

口腔内牙齿和舌头结构

下图的Q版人物嘴部由于变小，结构基本省略了。在有必要的表情时，这些结构还是用得到的，尤其是Q版中会出现写实情况下不可能出现的口型，这种特殊凵型往往就是考验嘴部结构学得扎不扎实的时候了。

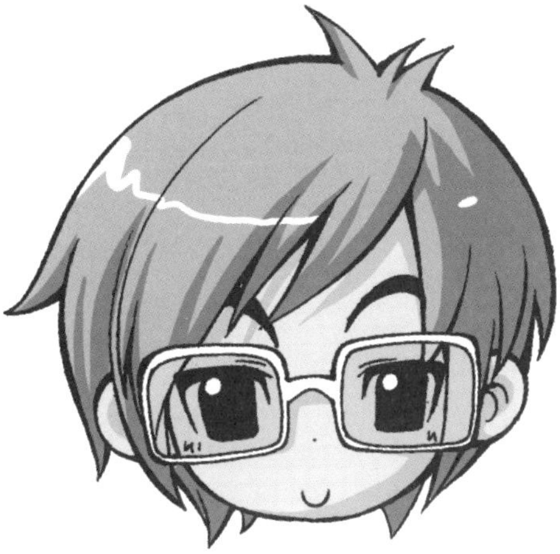

Q版闭嘴正面

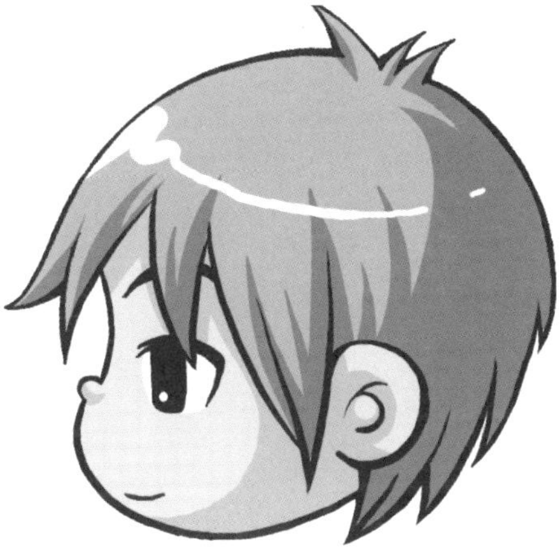

Q版闭嘴侧面

一 闭口状态

闭口状态下嘴部可动范围比较小，只有嘴角的上下运动和嘴唇的前后以及拉长而已，当然实际的样式不止这些，不过比起其他两项来说，闭口状态的已经很简单了。

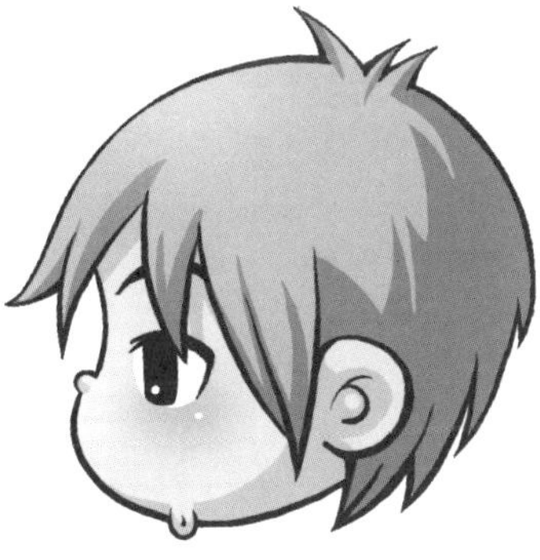

正常

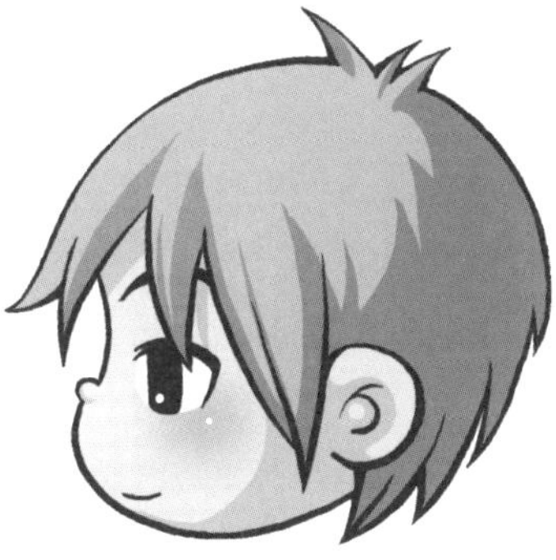

微笑

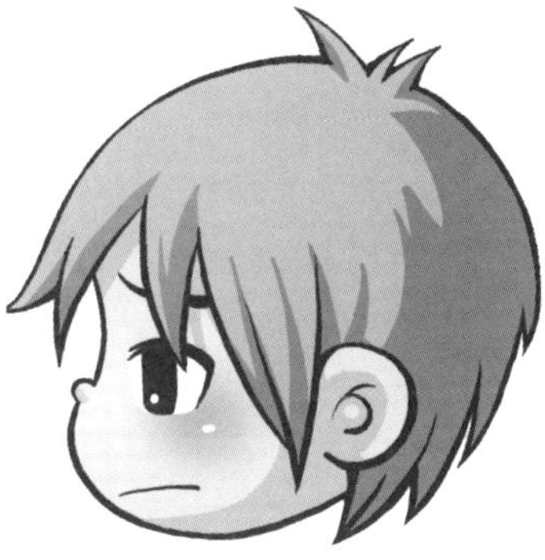

抿嘴

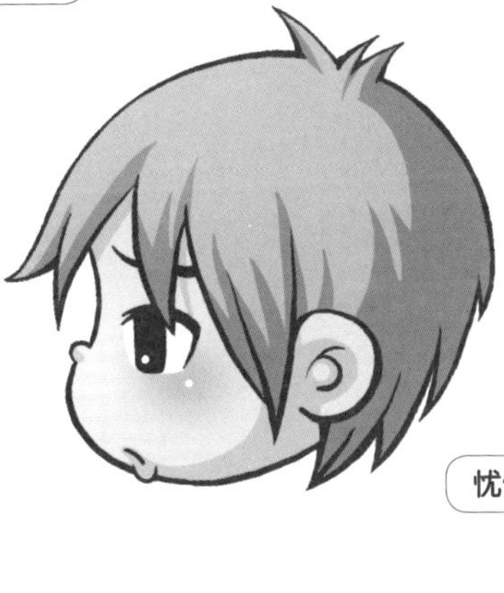

忧伤

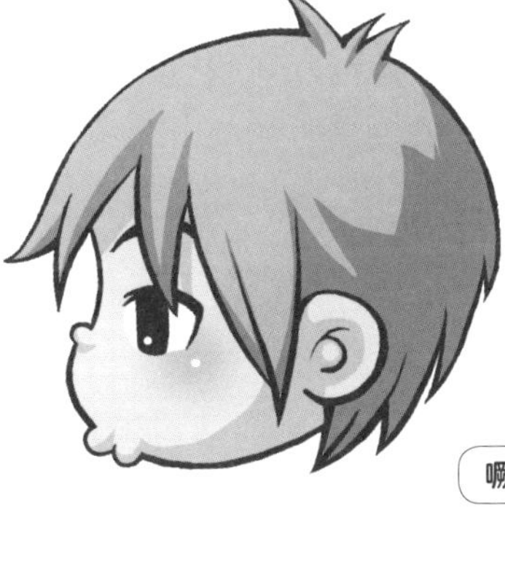

噘嘴

张口状态主要的活动单位是我们的下颚骨，它的运动幅度决定了张口的大小。由于张口能看见口腔内部，因此在下颚骨活动时，口腔内部会发生改变，画的时候一定要留心口腔内的变化。虽然非常细微，也不太有人会注意到，但自己疏忽却指望别人没有看出来问题，这种情况还是尽力避免为好。

下面列举了7种嘴部表现形式，仔细观察这些口型，这些张口型分为由嘴角牵动、嘴唇牵动和面部牵动的3种。嘴角牵动的比如笑和哭，它们的变化全在嘴角而已；嘴唇牵动的比如惊讶的嘴、喘粗气的嘴，则是由嘴唇前端牵动；而大笑、大哭、大叫这类，则必须调动面部肌肉去拉大整个嘴部才能完成。

张口型可以表现人物的多种表情，在这些图中可以充分体会到嘴部是多么的灵活。其实每种口型都是塑造人物的利器，关键在于活学活用，没有最好看的口型，只有最合适的口型。

张口形态

三 特殊张口状态

特殊张口状态一般出现在特殊剧情时的夸张反应中。随着近几年来幽默轻松类动漫风格的普及，这类口型有普及的趋势。

看见了吧，正常的人脸是拉不出这么可怕的嘴的，而且如果是美型度很高的Q版，这种口型也确实太破坏美感了，我认为它们还是比较适合搞笑类的Q版人物用。另外还有一句话送给大家，如果你认为画这么夸张的嘴不好把握的话，最好改变一下思路："既然已经超越人类嘴巴的极限了，无论怎么扭曲变形都不为过的，与其缩手缩脚达不到效果，不如加到令人发指的地步再修修补补来得好。"表演里有句话叫"不怕戏过，就怕戏出不来"，和这个是一样的道理。

特殊张口状态

闭口型画法：

①先定位，勾勒出嘴部的定位线。

②细部调整。这个在闭口型中显得不是那么重要，但在整体绘制过程中却是不可省略的。

③接下来勾勒嘴的形状。需要说明一下的是，闭口并非就是一条直线而已，位于两片嘴唇交界处的这条线是完全可以表现出嘴部结构的，细微的轻重就可以表现出很多东西，这就是线条的魅力。

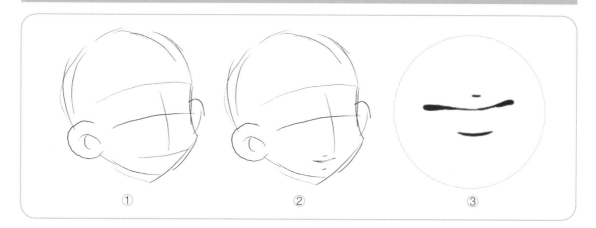

① ② ③

女生张口型画法：

①定位。这里要注意一下男女的区别了，女性的嘴即使张开也不要太大，除非情节需要。

②细部刻画。由于嘴张着，脸的长度也会相应变长。当然这种细微的变化几乎不会有人注意，尤其是单幅作品时。

③女性嘴唇常加口红修饰。在张口时要注意口腔内的结构，牙齿和舌头的位置。

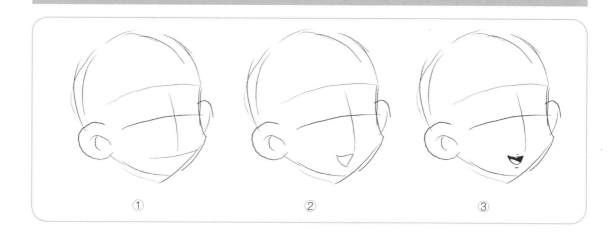

① ② ③

夸张口型画法:

①定位。由于嘴部形态夸张,已经没有可以依循的样式了,掌握适度的原则就好。嘴的大小范围上不过颧骨,左右不过耳朵,下不过地面的范围内。

②细部刻画。根据想象把嘴部结构完善。比方将牙齿锯齿化,加强夸张效果等。

③最后一个步骤,加上明暗效果,将嘴部的特征加强。

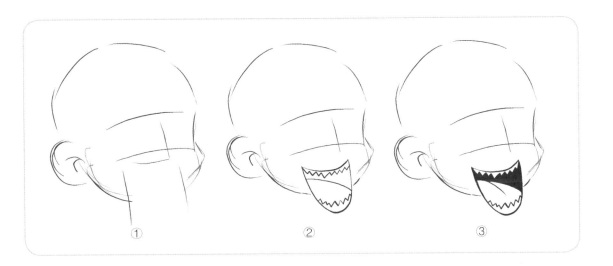

① ② ③

最后说一下画嘴易犯的错误。画嘴时最容易出错的还是在结构方面,尤其是出现透视的时候,还有就是牙齿和舌头出现在不应该的位置上。除此之外,一般嘴的问题都是由于形态比较多,不容易完全掌握的缘故。如右图半侧面头时,嘴部透视错误的状况。

错误范例

3.6 Q形象发型刻画

　　头发的造型问题并不像有些人想的那样复杂，虽然发型千变万化，但是基本结构是相同的。

　　让我们先了解头发的基本常识。一根头发在画中就是一根线，从头皮长出之后向生长的方向延伸。当它自生的重量超过本身的强度时，就开始随地心引力向下垂。如果遇到外力作用比如风或者手指梳理等等时，会随该外力的作用方向运动。

　　Q版人物的头发有很多情况下是不遵循真人头发的生长原理的，不过有一点要说明，就是头发的生长位置。下图头发的生长位置上标出了发际线的三个面，除了少数毛发特别发达或者谢顶的角色外，一般人的头发范围就在这个区域内。

　　时尚的潮流一直在变，Q版的发型也同样如此，各位尽可以发挥自己的想象力去创造出各种漂亮新颖的发型来给自己设计的角色，这里已经说了原理并列出了技法，具体应用到各种发型就要各位自己去融会贯通了。

Q版人物头发绘制过程

①勾画草图

这一步需要确定用何种方式，并确定画面中可能产生的受力方向，以此来确定头发的走势。

②深入刻画

将草图细化。需要说明一下的是，尽可能不要出现两条平行的头发。前面提过，我们的眼睛不接受平行线，短发的话也尽量不要出现走势方向相同的发梢。如果已经画好了平行的头发，那么就用第三根头发斜着穿过这两条头发去破一下。飘逸的长发其实还是挺讲究的，不但要杂而有序，而且还要考虑到整体画面的布局。国画中常提到"密不透风，疏可跑马"，讲的虽是布局，不过道理是相通的。

③细节调整

根据头发的主次关系将线条以粗细进行划分，这样能够丰富画面层次，突出主体。

在画头发的过程中，如果你要画面精细，这一步就是相当繁琐的过程。耐心也是绘画所必须具备的一项素质。

除了头发生长位置错误和头发飘动方向错乱无序外，一般不会有其他明显错误产生。不过我接触到的初学者基本都有一个长处，那就是对于眼睛和头发都能不遗余力的进行调整和修饰。

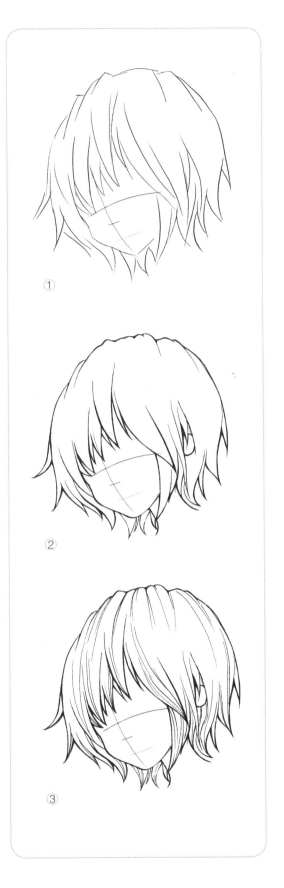

①

②

③

说了头发，我们也要谈到Q版人物的胡须设计。胡须虽然较少在Q版人物中出现，但对表现一个人的性格特征是有帮助的。Q版人物中的胡须一般比较整齐，这里就列举几种胡须的样式以供参考，如下图所示：

上唇胡

络腮胡

山羊胡

口字胡

八字胡

老头胡

帽檐胡

3.6 Q形象手部刻画

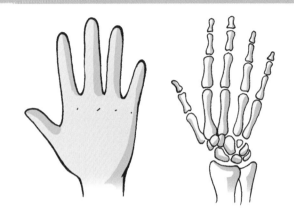

　　手部刻画是很有难度的,由于手部动态实在太多,姑且不论前文提到的手臂有多么灵活,这里单单手掌和手指就是变化万千。手的变化在于它的结构复杂,我们先来看看真人的手部结构和骨骼比较,如右图所示。

　　从骨骼解剖图可以看到,手上关节是如此之多,并且它们还不同于脚部的骨骼,它们几乎都有活动能力,这里我就不一一列举每根骨头的活动范围了。除了拇指,其他几根手指的活动能力是一样的。我们还是主要来看看手的结构吧。

　　手掌可以看成是一个有厚度的梯形,而除了拇指外的四根手指并在一起则是一个与之相反方向的梯形,每根手指分开则都可以看成是一个圆柱体,分为二节和三节,这些在人体结构书籍中记载得很详细,有兴趣的话可以去仔细阅读一下。

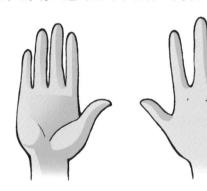

　　Q版的手不同于真实的手,它们根据风格的不同,或接近于婴儿的手或接近于儿童的手,甚至还有四根手指的手,还有像机器猫那样完全没有手指的手,有的则和写实卡通的手一样,总之是根据需要来变化的。但不论怎样变,它的运动方式不变(机器猫的那种不算在内)。真实的手,每根手指长短不一,这个情况在Q版中相对不明显,下面我们来说说手的动态。

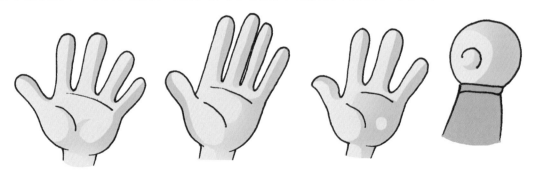

因为手的动态太过丰富,最好的老师就是你自己的手。掌握了手的画法和将之Q版化的方法之后,就可以照自己的手去写生了。这里我们只针对一些规律进行讲解,具体的情况要具体对待。

为了能比较清楚的说明手的各种形态,风格上我采用了相对写实的画法。

首先我们将手形分为三种基本状态(如下图所示):握拳状态,即五指均处于弯曲状态;张开状态,即五指之间没有两个手指是相交的状态;混合状态,即五指中至少有一指是处于张开状态或至少有两根手指处于相交状态的。

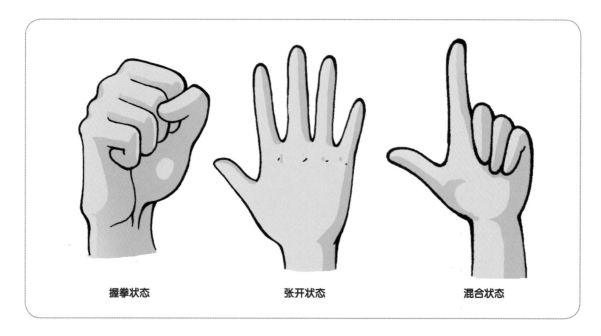

握拳状态   张开状态   混合状态

一 握拳状态

这个姿势可称为基本势。握拳状态是三种状态中变化最少的一种,相对容易掌握。请注意画面中的拳头,我们的四根手指虽然并列,却不在同一个平面上。这是由于指骨有长短,当它们蜷曲起来时,长者更长短者更短。除非你有意将这四根手指摆成同一平面,否则在正常状态下的握拳是有规律倾斜的。拇指的指尖总在中指第一指关节上扣着,第一指关节则在食指第一指关节上扣着,这可以帮助我们比较容易地找到拇指的定位。

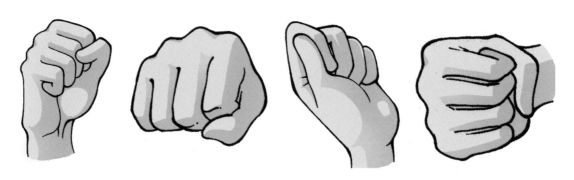

除了这个基本势之外还有几个常见的变化样式，比如将拇指藏于四指之内，还有武术中的瓦楞指、勾手、握剑的姿势以及握笔的姿势等。

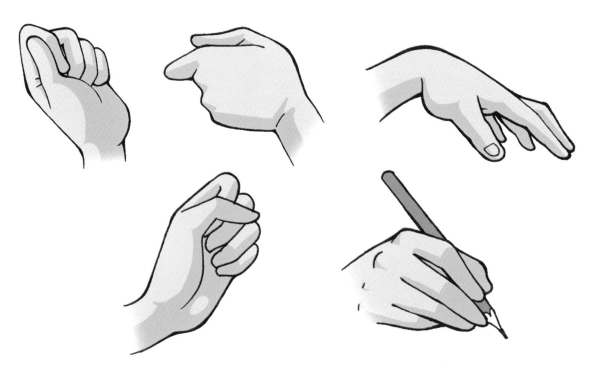

二　张开状态

手完全张开五指的状态，但每根手指的张开程度不同，可以是半弯曲的状态也可以是完全伸直的状态，这其中可以排列出无数种组合，有兴趣的读者可以多多尝试。

这里我觉得要解释一下自然状态和非自然状态的概念。这两者的区别只在于我们的大脑是否有意识地去控制手指的姿势。比如我们伸直手指和并拢手指，或刻意弯曲我们的手指时，这些都是由大脑控制下的手形。而在自然状态下不需要用手指去做什么的时候，大脑是不会专门去控制它的，因此手指的趋势是略微分开和弯曲，并且四根并列的手指都不会处于同一个曲面上。

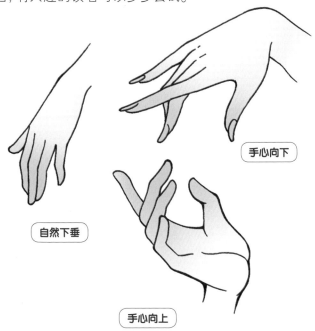

自然下垂

手心向下

手心向上

尽管在握拳状态、混合状态里都没有自然的手形,而在张开状态下自然手形的变化也很小,与众多的手形根本不成比例,但是你经常画手的话就会发现,使用频率最高的手形其实就是自然的手形。除非我们在画面中手部(不包括手臂部分)有专门的动作,否则我们的手基本都处于自然的状态下。

好了,说完这个自然状态的特例以后,我们再来谈谈张开状态下的其他手形。

张开状态下的手指只有两个姿势,伸直和略微弯曲。这里要提醒大家的是,我们的小指和无名指是联动的,这使得张开的手形的变化少了许多。当然少数人可以很轻易地将这两根手指分开活动的。

下面我们来看一些示范图:

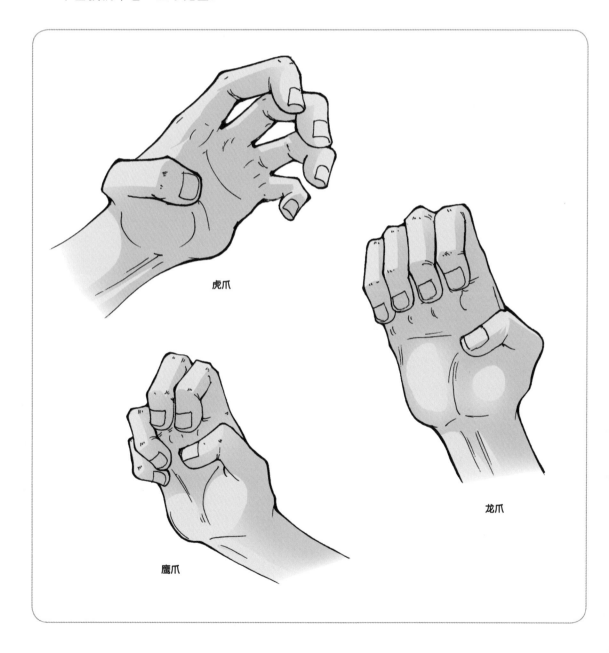

虎爪

龙爪

鹰爪

三 混合状态

混合状态主要是指拇指与其他四指的相交,偶尔也有四指间的相交状态。

这个部分是最复杂的,拇指与任意一指相交就有许多变化。拇指尖扣在该手指的指尖、第一指关节、第二指关节以及它们中间的部分,该手指指尖扣在拇指指尖、第一指关节和它们中间的部分,再加上与两根、三根手指的相交组合等。

竖起一根手指的姿势

标准样式是"指"这个动作,如右图所示,食指伸直的指点动作。

这个动作的应用是比较多的,当我们指着某东西时就会用到这个手形。它还有一个变形,就是把拇指伸开,如右图食指伸直的指点动作,拇指伸直。

竖一根无名指的情况基本不会有应用,剩下的就是竖一根小指。

这里举出的只是基本造型,扣住的手指有松有紧,变化就有很多了,后文的情况也是如此,就不一一说明了。

竖起两根手指的姿势

这个手势有两个主要的变化,如右图胜利的手势和剑诀指,两根手指分不分开就是两个完全不同的手势了。

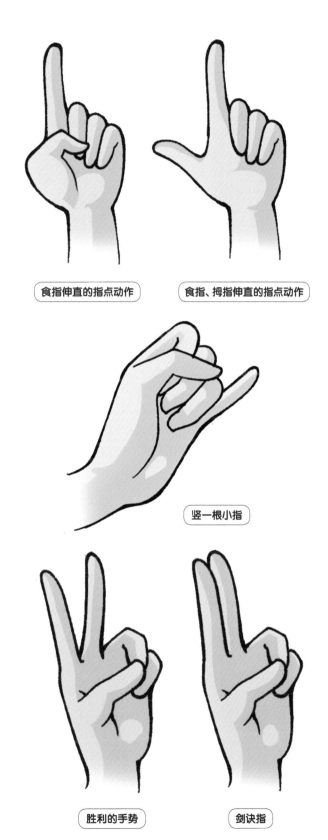

食指伸直的指点动作　　食指、拇指伸直的指点动作

竖一根小指

胜利的手势　　剑诀指

竖起三根手指的姿势

这个有几种变化。第一种变化是"三"的手势（扣起小指的样子），第二种是兰花指（扣起中指的样子），第三种比较少见，寺庙里的菩萨常用手势（扣起无名指的样子），最后一种是ok的手势（扣起食指的样子）。

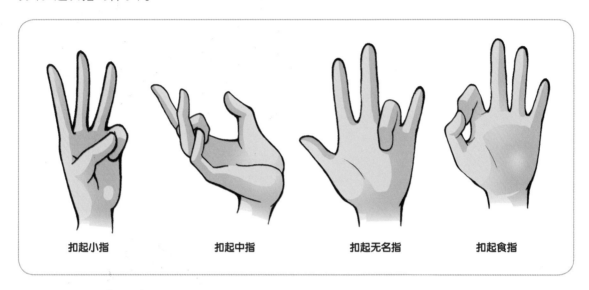

扣起小指　　　　　扣起中指　　　　　扣起无名指　　　　　扣起食指

最后再提一下特殊手势。这是指只能出现在卡通人物中，正常的手做不出来的姿势。一般只出现在需要表达特别的情绪时才用得到，如下图所列举（特殊的手势，列举一些手指完全没有章法的夸张手势）。

手的变化无穷，即使专门练习也需要很长的时间才能掌握。不过我们在应用中都愿意选择美的手形。想画好美的手形，有一处地方可以提供很大帮助，那就是寺庙里的千手观音像。有时间的话去那里呆上一整天，把那些手都临摹下来吧。

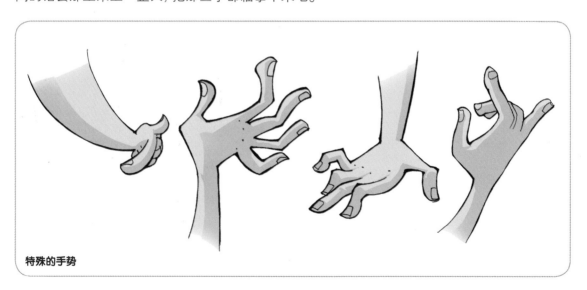

特殊的手势

手形的绘制步骤

接下来我们列举一个手形的具体绘画步骤，要注意的是在画手的过程中一些必要的细节。

①先定结构

根据基本形态确定大致结构范围，勾勒出大的外形。

②掌握结构

将手形的大体结构建立出来。

③深入刻画

每一个指关节都是一个突出的骨点，在它周围是没有肌肉的。如果不注意这些结构，画出来的手会浮于表面。

④修饰细节

将线条整理。按照手形完善造型。透视变化了，手的形状就跟着变化，多加练习是唯一的掌握方法。

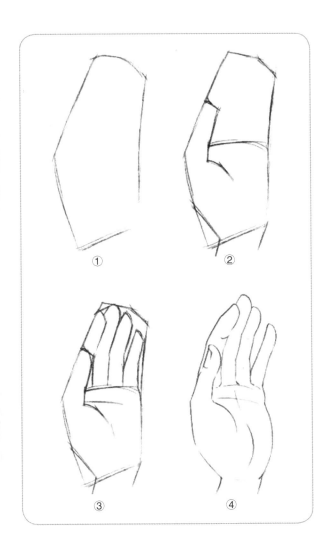

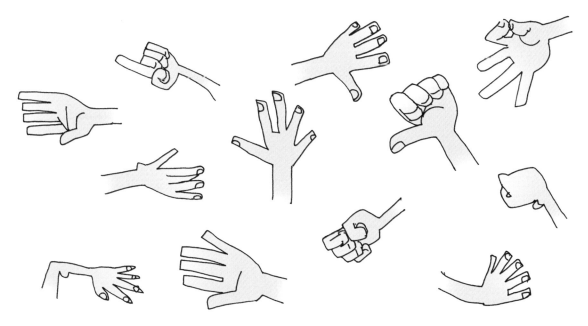

3.8 Q版表情刻画

这是本章的最后一节，也是总结前面这么多小节的部分。前面列举了眉、眼、鼻、耳、口、发、手这么多的细部，综合这些元素并进行组合，也就是表情。

表情分为很多种，最笼统的概念就是"喜、怒、哀、乐"。除此之外，还有"惊、恐、悲、忧"等等。细分的话，还有失望、灰心、郁闷、沮丧、气馁、绝望、悲伤、伤心、困惑、怨恨、怀疑、微笑、冷笑、大笑……我们先列举一些表情，让大家有一个参考。

人类的表情是极其丰富微妙的，它是众多器官的合作运动，下面就表情的刻画进行一下讲解。

如果按照各种表情分别来叙述，文字肯定太多且很多重复，并且难免有遗漏的表情。因此我们先将具有代表性的表情进行归类，然后再将此类表情的五官、面部和手部的常规动作列举出来谈一谈它的具体应用，一旦遇到没画过的表情，只要能将之分类，就能从中找到大致表情规律。

喜

哀

惊

忧

乐

悲

我们将表情大致分为四类：第一类是正面的情绪，比如开心、喜悦；第二类是负面的情绪，比如哭、愤怒、悲哀、忧伤；第三类是中性的情绪，比如惊奇、恐惧、困惑、羞涩、怀疑等等。第四类是特殊的情绪，这里指超出正常情绪范畴的表情，比如疯狂、歇斯底里、呆滞（这不等同于发呆）等等。因为情绪的关系是微妙的，比如恐惧，我们第一反应就觉得应该是负面的，其实恐惧是本能，很多情况下都是谈不上好或坏的。

一 正面的情绪

我们觉得开心时有很多种表现，喜悦、神采飞扬、微笑、大笑、手舞足蹈等等。关于它们的尺度把握是有难度的，尤其是那些动作相对平和的情绪之间，差别往往是很微妙的。让我们先来观察一下这些情绪有什么共通之处。

我们可以从下图看到，表现这些情绪时人物的眉毛都是舒展的，有的眉毛微微上扬，有的则变成了弯月形。舒展的眉毛可以在额头的任何一个位置出现，随着情绪的升高，眉毛的位置也会相应提高，所谓的眉飞色舞就是这样。

正面情绪例图

正面情绪例图

眼睛一般有两种变化，一是眼角微微上扬，眼睛比正常状态更大更明亮。因为我们的眉毛上扬，自然就把眼睛往上拉，而眼睛变大以后反光面积大了，也就显得更明亮。二是眼角不动而下眼睑往上挤压形成一个弯月形，在笑的时候就是如此，大笑的时候则会把眼睛挤成一条缝。

嘴角都会上扬。笑的程度不同，嘴张开的大小也有所区别。

身体也是表达情绪的一部分，当然这多半出现在动作幅度较大的情绪中。笑得前仰后合的时候就是如此，此外在窃笑的时候往往会耸起肩膀把脑袋藏在双肩之中，大笑时身体都趋向于完全伸展等等。

手和手臂是辅助表达情绪的重要组成部分。很少有人在表达自己情绪的时候是不加上手的动作的，掩口而笑、捧腹大笑、叉腰、抱肩、抬手等，脸上不足以表达的部分往往靠手来完善。

喜悦心情下的手部动作图

喜悦心情下的手部动作图

二 负面的情绪

　　负面情绪的种类繁多,失望、灰心、郁闷、悲伤、怨恨、愤怒、哭泣,都是负面情绪。尽管负面情绪很复杂,不过在Q版中却不常用,因为Q版是轻松活泼的载体,不快乐的部分永远是少数。

　　在负面情绪中的眉梢几乎一致向下垂,眉头向中间靠拢并上提。另一种情况则是眉头向下聚拢,眉梢上扬,不过这只局限于愤怒和怨恨等少数几种表情中。总体来说,负面情绪中的眉毛是向下挤压和向中间凝聚的,与正面情绪中的舒展正好相反。

　　在负面情绪中眼睛也有和眉毛相对应的两种趋势,其一是上眼角下垂,这是由于眉毛向下挤压,而眼皮也因精神萎靡而下垂造成的。眼睛没有神采,并且有向下看的趋势,如果是哭泣的时候则有可能双眼紧闭,眼角有泪珠流出或喷出。其二是眼睛瞪大,这是眉梢上扬给其提供了睁开的空间,眼睛则向中间聚拢使视线明显集中到某一点上。

负面情绪的表情图例

嘴在负面情绪中的变化是远多于正面情绪的，甚至可以说嘴是负面情绪中最具代表性的器官。它的细微变化可以流露出完全不同的情绪，它可以是嘴角下垂、微微咧开嘴、咬牙切齿、双唇紧闭、抿嘴、张嘴怒斥、无力的张开等等。但不管怎么变，嘴角都有向下垂的趋势。

负面情绪中的身体多半是松弛下垂的，请注意区分伸展放松和无力松弛之间的不同。其中比较明显的地方就在于脊椎，伸展放松的时候脊椎仍然是直的，而无力的松弛时脊椎则是弯曲的，双肩也被手臂拉得向下垂。而愤怒时的身体则处于一种紧张状态。此时我们的身体虽然直立，但全身是绷紧的，一般在爆发前是含胸、双肩微耸，爆发时则是挺胸但全身僵硬。

注意区分正面情绪和负面情绪的不同

三　中性的情绪

这个环节涵盖的范围很大,惊奇、困惑、羞涩、怀疑、苦笑等等,这些都应该属于中性范畴,因此它的表情也完全不像前两类那样指向性明确。

这些表情如果细分的话,可以说是五味杂陈,往往同时兼具前两类的特征。因此在这一类中,只能分别讲解,限于篇幅只列出较常见的表现,下面介绍一下中性的部分。

中性的笑

尽管他们表现出来各不相同,但有两个共通之处:一是它们的眉毛都是负面情绪中的样式;二是它们的嘴角仍然维持着正面情绪的样式。通过上面列出的示范和实际观察就会发现,在做这类表情时,我们的眉毛都是向下扭曲的,冷笑的眉毛略高;苦笑的眉毛接近于忧伤;坏笑的眉毛则往往是一根向上挑起,一根则如同愤怒的样子。冷笑的眼睛通常斜视着对方,嘴角微微上翘但不张开;苦笑的眼睛下压而无神,嘴微张,嘴角上翘但并非是笑,更接近扭曲;坏笑的眼睛常常睁大,眼神也灵活,嘴咧开上翘。而这几种笑的身体变动幅度不大,手臂变化也没有特别的规律。

惊奇

与其接近的表情还有如惊讶、吃惊等。它们之间的区别只在于嘴巴的不同而已。惊奇这一类的表情,时间是非常短暂的。通常都是一惊之后,继而才有怒、喜、害怕等等情绪表现出来。它的特征是双眼睁大,眉毛上扬,嘴巴张开。同时我们的身体向上拉长,如果吃惊的程度大,我们的肩膀会举高护住脖子,手臂也会不自觉地护在身体前面。

冷笑

坏笑

惊奇

恐惧

恐惧的情绪严格说来应该算是负面情绪的，再怎么说因恐惧而觉得喜悦的例子大概只存在于看恐怖片的时候吧。不过它的表现方式和一般负面情绪有所不同，倒是和中性的情绪更加相像。它的特征是眉毛上扬，眼睛睁大，嘴张开并且嘴角向下垂，脸拉长，身体僵硬，双肩向胸部收拢，手臂护在身体前。

恐惧

羞涩

羞涩的时候眉毛多向下压，因为不愿意被人看见自己害羞的眼神，而眼睛或偷偷望向引起羞涩的对象；或低垂直视自己脚下的地面，紧咬着下嘴唇，头低下，肩膀略微耸起，双臂或交叉于髋部之前互相摩挲；或交叉于身后同时微微摇晃双肩。有时双脚也会参与进来，不停地来回抬起脚跟又放回去。手足无措就很好地概括了这一表情的身体动作。

羞涩

怀疑

此时我们的眉毛或抑或扬，并无定式，而眼皮下压，冷冷的睨视被怀疑的对象，嘴部完全扭曲，下嘴唇扣在上嘴唇之上，歪到脸的一边，手臂或者抱肩。

以上只是列举了中性情绪中的一小部分，再列下去就太繁琐了，中性情绪的普遍特征不明确，具体的应用还要在生活中积累，朝着镜子中摆出各种表情吧，那是最好的锻炼。

怀疑

四 特殊的情绪

这类情绪是指正常人不可能做出的表情，因此它可以是说是卡通专有表情，也是在Q版中应用相当广泛的。我们先来看看例图（疯狂、歇斯底里、极度惊讶等等夸张的表情）。

在这些图中我们可以看到，五官、身体和手臂都已经超出了人类的极限了，但要表现情绪的极致，用这些表情反而更有趣，请尽情地发挥好了。

歇斯底里

疯狂

极度惊讶

Q版人物各种表情

3.9 Q版人物刻画四大技巧

01 脸部技巧

在画Q版人物半侧面的时候，嘴角可以略微向耳朵方向夸张歪斜一点。这样可使脸部更加生动，立体感更强，不过要掌握好度。这里我们举两个例子供大家比较一下其效果。

正常角度

夸张角度

02 身体技巧

当人自然站立时，S型的身体布局最为美观。一个人挺胸抬头站立，那么以他的头为起点，胸部就是第一道弯，通过腰部到臀部为第二道弯，至脚部结束，形成一个S型的构图；如果含胸站立，那么则可以反过来使用，以头为起点，背部为第一道弯，通过腰部到髋部为第二道弯，至脚部结束，形成一个反S型。

两张站立方式的人物演示

03 动作技巧

初学者往往无法想象出足够多的动作，或者能够想象出动作却画不出来。一般的解决方法都是临摹他人作品，可是这样做有一个明显的缺点，就是别人没做过这个动作，或者一时找不到这件作品就无计可施了。解决这个问题的方法我们借助模型。

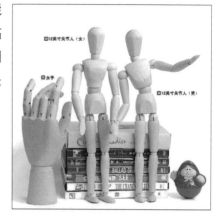

木制人偶模型

04 构图技巧

在创作时，构图不一定最早画，但一定是最早构思的。比如主角回头眺望左方，那么她就应该站在画面偏右的位置上，这样左边留白的部分可以给人一种空间延伸感，仿佛画面并未结束，在他眺望的方向还有未被画出的美好景色一样。如果要添上背景，那么这部分留白的背景就不应该画近物，而应以模糊的远景或者天空为好，以免破坏了画面的空间感和延伸感。之所以要列举这么一个应该出现在中级课程的例子出来，也是因为下面的章节将要赏析一些经典作品，这个窍门可以帮助大家分析理解作者的意图，要看懂作者想在作品画面以外表达的东西，才是真的看懂了一幅作品。

3.10 Q版人物三大禁忌

01

忌千人一面。下图中的8个人物虽然外形和服饰不尽相同，但是脸部特征基本一样，作品平淡无奇，其特征和性格完全不能体现出来，这是一种技法贫乏的表现。

正确表现手法

正确表现手法

02

忌粗制滥造。有的作品构图、草图、线稿都很不错，可是到了细部制作的时候却开始条理不清，造成主次不分，表现乏力的现象，如下图所示。作品的创作需要我们的耐心，请大家在创作中保持创作的激情。

03

忌主次不分。作品中细节是提升作品精致程度的一个有效手段。有了这些，画面会呈现出层次感，但一定要把握好度。细节是为主题服务的，千万不要本末倒置，过多的细节会破坏画面整体性。下图在细节把握上存在一定问题。

画人物离不开肌肉和骨骼。在训练人体结构时,各位读者请务必予以注意,适时的观察其变化。从根本上说骨骼带动肌肉的变化,肌肉牵扯了皮肤,皮肤又拉伸了衣物。下图例举一个人

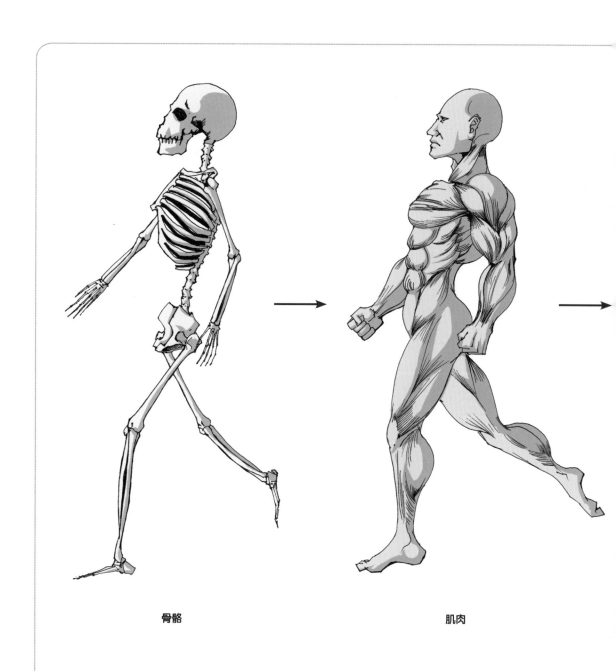

骨骼　　　　　　　　　　　　　　　　　　肌肉

人体的动态过程

体的动态练习。从骨骼动态开始，附着肌肉的动态，加上皮肤的正常动态，最后是穿上衣服以后的动态。如果各位读者有心从根本上解决动态的问题，做做这样的练习是大有裨益的。

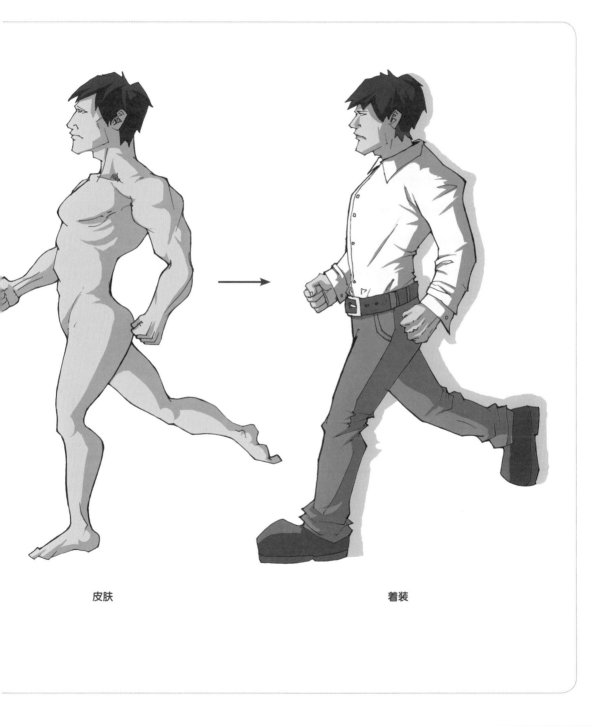

皮肤   着装

特别训练： 临摹上色练习

    平时进行适当的临摹练习是提高Q版人物创作水平的必要手段，有借鉴才会有提高。本节整理出一详细黑白线稿，请大家对比左边彩稿进行拷贝上色练习。

Part 04
经典赏析

　　欣赏优秀作品，分析他人作品的优劣得失是取得进步的一条捷径，不要为看而看，为思考而看吧。Q版人物创作就如同是在一个舞台上表演，要将戏演好，就要先做一个好演员，只不过我们用来表演的是画笔而不是自身，愿各位最终都能从绘画中体验乐趣。

完美时空2009年度游戏巨制《梦幻诛仙》
授权本书经典游戏原画形象赏析

圣巫男

鬼王宗女

鬼王宗男

天音女

圣巫女

青云男

合欢女

天音男

焚香女

焚香男

合欢男

青云女

江西美术出版社 2010年强势推出
中国动漫名家系列丛书
矩阵《速度与激情》　　懒虫的枕头《魔幻世界》

《速度与激情——CG美女赛车的缔造者MATRIX》

　　本书是动漫专业课程的新型教材辅助用书。汇集作者多年的CG课程教学经验，辅以光盘视频教学，对动漫专业学生以及动漫爱好者有极大的学习和借鉴意义。

　　开本：大16开　　定价：40.00元

《中国动漫名家——懒虫的枕头·魔幻世界》

本书包含软件基础技法，主要的表现技法以及详细的技法解析。

作者代表作品有：《魔兽世界》主题海报"遭遇在雷霆崖下""月影湖畔"
首届杭州国际动漫节绘制主题海报及套票插画
若干插画作品发表于《漫友》《幻想》《科幻世界画刊》《映色》等杂志，为
《花季雨季》《作文大王》等数家杂志绘制封面

　　开本：大16开　　定价：45.00元

《超级动漫入门CG技法——Q版动物》

开本：16开　　定价：29.50元

《超级动漫入门CG技法——Q版人物》

开本：16开　　定价：29.50元

《中国动漫名家——左绑红印·唯美的使者》

开本：大16开　　定价：18.00元

海峡两岸合力推荐年度动漫大作

游戏原画设定大师 梁毅 《动漫造型人物设定》
中国知名插画师 毕泰玮 《插画之梦》

PAINTER IX
PHOTOSHOP 巅峰组合

精彩步骤完全大剖析！ 独家经验完全大公开